Viviane Lima Silva

Histórico del Medio Ambiente

Viviane Lima Silva

Histórico del Medio Ambiente

Del siglo XV hasta el siglo XXI

PUBLICIA

Impressum / Aviso legal
Bibliografische Information der Deutschen Nationalbibliothek: Die Deutsche Nationalbibliothek verzeichnet diese Publikation in der Deutschen Nationalbibliografie; detaillierte bibliografische Daten sind im Internet über http://dnb.d-nb.de abrufbar.

Información bibliográfica de la Deutsche Nationalbibliothek: La Deutsche Nationalbibliothek clasifica esta publicación en la Deutsche Nationalbibliografie; los datos bibliográficos detallados están disponibles en internet en http://dnb.d-nb.de.

Coverbild / Imagen de portada: www.ingimage.com

Verlag / Editorial:
PUBLICIA
ist ein Imprint der / es una marca de
OmniScriptum GmbH & Co. KG
Bahnhofstraße 28, 66111 Saarbrücken, Deutschland / Alemania
Email / Correo Electrónico: info@omniscriptum.com

Herstellung: siehe letzte Seite /
Publicado en: consulte la última página
ISBN: 978-3-639-64834-8

Stefany Marinho
Revisión

Nicoly Marinho
Revisión

Dedicamos este libro a nuestros pais y a nuestros hermanos que tanto nos apóiam y también a vida que tanto nos ensina.

"Es como un árbol plantado junto a corrientes de agua, que da su fruto en su tiempo; sus hojas no cae, y todo lo que hace prosperará" (Salmos 1:3).

Gracias, Dios!

Resumen

Presentación

La idea de este libro es transmitir al público como ocurrió los acontecimientos históricos que marcaron la transformación de la mente humana en relación con el medio ambiente. En esta literatura, nos dirigimos a una visión histórica del medio ambiente de algunas de las pistas del siglo XV con el enfoque actual del siglo XXI, con la intención de despertar en el lector, la formación de una opinión constructiva sobre temas ambientales.

Los acontecimientos que dieron fuerza a las cuestiones ambientales vinieron a llevarnos a la trayectoria de un mundo mejor donde hay respeto por parte de la comunidad mundial para el medio ambiente. Fortalecer el pensamiento crítico constructivo es el objetivo de este libro y así, despertar en los seres humanos la importancia de la protección, conservación, restauración y reconstrucción del medio ambiente y seguro de vida para nosotros y para las generaciones futuras.

Capítulo 1| Panorama Histórico Ambiental del siglo XV hasta el XIX y Historia de la Ecología

Con la llegada de los portugueses en Brasil en 1500, no pasó el inicio de la explotación y comercialización de palo brasil que se produjo en el año 1503 en el Bosque Atlántico de Brasil que en la época, ampliada a 200.000 kilómetros de zona verde, y esta vez, como Brasil, es decir, la colonia portuguesa más joven, con sujeción a las leyes de Portugal (DIAS, 2003).

En el año de 1543, el abuso en la extracción de palo brasil era demasiado, por lo tanto, se publicó la primera carta real en Brasil, donde se enuncia normas que regulaban la explotación de la madera, así como los castigos contra los que siguen explotando abusivamente, y fue tan explotados que más tarde, en 1920, el palo brasil se consideró extinta (DIAS, 2003).

Los avances en el campo de la protección del medio ambiente se han convertido poco a poco, como las regulaciones de caza de ballenas en el año 1602, se le ocurrió en 1605, la edición en la regulación sobre la explotación forestal, donde, quien podría pasar de contrabando esta madera sería castigado con la pena de muerte (DIAS, 2003).

La preocupación por la escasez de recursos naturales creció, la extinción de estos recursos por lo que se teme que en 1760 fue declarada la prohibición de la tala de árboles que formaban parte de los manglares para la obtención de leña (DIAS, 2003).

La primera Constitución Imperial de Brasil fue promulgada en 1824, y que, no hizo ninguna referencia sobre la preservación y conservación del medio ambiente, donde en ese momento, las actividades económicas dependían principalmente en la extracción de recursos naturales y tales cuestiones ambientales fueron dejados de ser abordados a través de leyes reguladoras, ya que no lo hacen se adaptan al Estado (MOURA, 2009).

En el período imperial, predominaba la explotación de recursos naturales en detrimento de la actividad económica, y la explotación de estos recursos ya eran tan abusivas que en Brasil, el emperador Don Pedro II resuelve editar la ley nº 601, que cedió poderes a las provincias coloniales de la tierra hallazgos para prohibir la explotación irracional de los bosques, y la ley fué ignorada y muchos bosques quemados debido a la instalación de campos de monocultivo de café que se movía la economía debido a la exportación de este producto de gran valor en el momento (DIAS, 2003).

Las preocupaciones ambientales salen desde hace muchos años, como se ha visto, esto también confirmó más tarde por la publicación de varios trabajos que tienen que ver con el medio ambiente, como por ejemplo, *"Économie de La Nature"* de Linneo en 1749, más tarde, en 1803, Thomas Malthus publicó *"An Essay on the Principle of Population"*, y en los años 1807 hasta 1855 existe también la aparición de publicaciones en que las cuestiones ambientales ganaron fuerza sobre todo el campo de la botánica como las obras *"Essai sur la géographie dês plantes accompagné d´um tableau physique dês régions équinoxiales"* y *"Essai élémentaire de géographie botanique"* publicadas por los fundadores de la geografía botánica de Humboldt, de Candolle, Engler, Gray y también en el año 1859 llega la obra "The Origin of Species by Means of Natural Selection" de Charles Darwin (BONILLA, 2010).

Con el tiempo, los estudios sobre el medio ambiente ha ganado fuerza y un espacio cada vez más grande, como la investigación llevada a cabo por Ernst Heinrich Philipp August Haeckel, o simplemente Ernst Haeckel, nacido en la ciudad de Potsdam en Alemania, se destacó como un biólogo, naturalista, profesor, filósofo y artista, estudió medicina y dedicado a la anatomía de la embriología comparativa estudio, y las investigaciones microscópicas que aumentó el interés por la zoología marina, dándole en 1864, publicaciones de investigación sobre la filogenia de las especies, lo que subyacía a la teoría de la selección natural propuesta por Charles Darwin, con el fin de apoyar sus investigaciones sobre la especiación (ROBINSON, S.D.).

Haeckel, en 1869, propuso el uso del término "ecología" como una manera de relacionar estrechamente la relación entre el medio ambiente y botánica (DIAS, 2003). Según Cassini (2005), el concepto de la ecología propuesto por Haeckel fue enunciada por primera vez en su obra titulada "Generelle Morphologie der Organismen". Según Haeckel (1866) apud Bonilla (2010) el concepto de ecología propuesto a la vez fue:

> La ecología es el estudio de las relaciones totales de los animales tanto en su entorno orgánica e inorgánica y en particular estudios de las relaciones de tipo positivo o escribe amistosa o negativa (enemigos) entre las plantas y los animales en el entorno en que viven.

Antes de Haeckel proponer el término ecología, ya se han desarrollado estudios que abarcan este término como, por ejemplo, en 1843, Forbes estudió la distribución de los animales en el mar Egeo, en 1877, Möbius llevó a cabo estudios sobre los bancos de ostras donde introdujo en sus obras el término biorecursos (BONILLA, 2010).

Posteriormente, la publicación de Haeckel en relación con el concepto de la ecología, varios otros conceptos han surgido, lo que contribuye a una mejor comprensión de la materia, como puede verse en algunas definiciones de este término.

Según MacNaughton and Wolf (1973) apud Bonilla (2010) ecología se define como "la ciencia que estudia las relaciones de los seres vivos y el medio ambiente en que viven". Cuanto a Wickersham (1975) el término ecología puede ser considerado como:

> [...] la ciencia que estudia la dinámica de los ecosistemas. Es la disciplina que estudia los procesos, interacciones y dinámicas de todos los seres vivos con los aspectos químicos y físicos del medio ambiente, incluyendo también

> aspectos económicos, sociales, culturales y psicológicos peculiares del hombre, que debe sintetizar de forma interactiva y generar información para la mayoría de otros campos del conocimiento.

Podemos extraer el concepto propuesto por Wickersham que los aspectos económicos, sociales, culturales y psicológicos tienen una fuerte conexión con el medio ambiente debido a la dependencia de las interacciones entre los seres humanos y el medio ambiente.

De acuerdo con la siguiente tabla, durante los años, podemos mostrar la perspectiva de cada estudiante de su tiempo, ya que definen la ecología.

Imagen 1: Conceptos de Ecología

Año	*Autor*	*Concepto*
1979	Ricklefts	Es el estudio de los ambientes naturales, en particular las interrelaciones entre los organismos y su entorno.
1983	Eugene Odum	La ecología es el estudio de "entorno familiar", incluyendo todos los organismos contenidos en el mismo (incluyendo los humanos) y todos los procesos funcionales que la hacen habitable.
1983	Roger Dajoz	Ecología es la ciencia que estudia las condiciones de existencia de los seres vivos y las interacciones de cualquier tipo que existen entre los seres vivos y su entorno.
1985	Ferreira	Ecología es el sector de la ciencia

		humana que estudia la estructura y el desarrollo de las comunidades humanas en sus relaciones con el medio ambiente y la consiguiente adaptación al mismo, así como los nuevos aspectos que los procesos tecnológicos o sistemas de organización social pueden conducir a las condiciones de vida del hombre.
1998	Dodson et. al.	Ecología es el estudio de las relaciones, la distribución y abundancia de los organismos o grupos de organismos en un entorno.
2001	Krebs	Ecología es el estudio científico de las relaciones que determinan la distribución y abundancia de los organismos.
2006	Begon et al.	Ecología es el estudio científico de las relaciones entre los organismos y su entorno.
2008	Scheiner e Willing	Ecología es el estudio especial y temporal de los patrones de distribución y abundancia de los organismos, incluidas sus causas y sus consecuencias.

Fuente: Adaptado de Bonilla (2010).

Después de la propagación del término ecología propuesto por Haeckel, muchas otras obras eran emergentes, tales como "el estudio de las comunidades de animales en América templada" por Shelford en 1913, la preparación del Guía de Estudio Ecología Animal publicado por Adams también en 1913, Davenport desarrolló en 1915, el estudio ecológico de las praderas y los bosques de invertebrados, variaciones y fluctuaciones en el número de individuos que viven los animales fueron estudiados por Volterra en 1926; en 1927 son los primeros intentos propuestos por Elton en la definición de los fundamentos teóricos de la ecología, una referencia especial a los insectos está hecho en 1931 por Chapman y Uvarov también en el mismo año estudió la relación entre los insectos y el clima y Gause realiza los primeros experimentos para comprobar la teoría matemática de la lucha por la vida en 1935 (BONILLA, 2010).

La destrucción del medio ambiente en el siglo XIX se había convertido en una preocupación, y así fue que en 1864, George Perkin Marsh publicó el libro titulado "El hombre y la naturaleza: la geografía física modificado por el hombre" donde el diplomático, autor, menciona las preocupaciones y los impactos futuros relacionados con los recursos naturales que estaban siendo destruidos a causa de la codicia humana (DIAS, 2003).

En el siglo XIX, los Estados Unidos siguió adelante con la creación del Parque Nacional de Yellowstone en 1872, fundada en la ciudad de Wyoming en los Estados Unidos, mostrando así la lección importante de la apreciación de la naturaleza a través de la contemplación visual y belleza que ofrece (PÁDUA, 2012).

A través de los años, debido a la gran cantidad de investigación que se desarrollan, el medio ambiente ha adquirido tal importancia, las primeras sociedades ecológicas están fundadas como la *British Ecological Society (BES)* en 1913 y la *Ecological Society of America (ESA)* en 1916. También surgieron las primeras revistas que cubren y daban importancia a las cuestiones ecológicas, tales como, el *Journal of Ecology* en 1913, la *Ecology* en 1920, la *Ecological Monographs* en 1931 y el *Journal of Animal Ecology* en 1932, ya en Brasil en el año 1944 se desarrolla la primera tesis del ecología (Cerrado Ecología) por Guimarães Ferri (BONILLA, 2010).

Capítulo 2| Panorama Histórico Ambiental en la Década de los 30

En los años 30, precisamente en 1934, Brasil involucrado en el contexto del medio ambiente crea esta gran expansión del período de cultivo de café el primer código forestal, sancionado por decreto nº 23.793/34, por el Presidente de Brasil, Getulio Vargas, con el fin de obligar a los agricultores a mantener al menos el 25% de la vegetación correspondiente a la zona de sus propiedades con el fin de garantizar la producción de leña y carbón, creando un escenario de protección de los bosques (SENADO BRASILEIRO, S.D.).

En el capítulo II del Código Forestal de 1934, se menciona en el artículo 4 de la importancia en la protección de los bosques para los siguientes propósitos:

> a) mantener el régimen de las aguas; b) prevenir la erosión de la tierra por la acción de agentes naturales; c) fijar las dunas; d) ayudar a defensa de las fronteras, el modo intentado requerido por las autoridades militares; e) garantizar las condiciones de salud pública; f) proteger los sitios que a su belleza merecen ser preservadas; g) asilar especímenes raros de fauna autóctona.

En el capítulo III, artículo 22 del decreto en cuestión, está claro que la prohibición de los actos que dañan los bosques como se menciona a continuación:

> a) prender fuego a los campos o la vegetación, la cobertura de las tierras, como el proceso de su preparación para el arado, o la formación de campos artificiales, sin permiso de la autoridad forestal del lugar y la observancia de las precauciones necesarias, especialmente en lo cortafuegos, aleiramentos y el aviso de vecinos; b) derribar, en regiones de escasa vegetación, para convertir la madera o el carbón, los bosques que

> quedan en las orillas de cursos de agua, lagos y carreteras de cualquier tipo entregados a la utilidad pública; c) para cosechar la savia de caucho obtenida, balata, gutapercha, goma de mascar y productos similares, o la explotación de plantas fibrosas tanniferous o mediante procedimientos que compromettem la vida o el desarrollo natural de sus árboles; d) preparar carbón o encender un fuego en los bosques sin las precauciones necesarias para evitar incendios; e) disfrutar como leña o para la producción de carbón esencias considerado de gran valor económico para aplicaciones más útiles, o que, en la rareza actual, están amenazadas de extinción; f) talar árboles en permanecer allí ejemplos de la flora epifita o colmenas de abejas silvestres inocuos, a excepción de los intereses, plenamente demostrado el estudio científico o mejor uso de dichas copias; g) cortar los árboles en los bosques de protección o restantes (excluidos los parques), incluso en el entrenamiento, sin licencia proporcionada por la autoridad forestal competente, sin perjuicio de las disposiciones de este código applicaveis, o contrarias a las decisiones de la misma autoridad; h) devastar la vegetación de las laderas sobre la que enmarcan y los sitios y paisajes pintorescos de los centros urbanos y su entorno o los bosques, incluso en la formación, plantados por las autoridades públicas, en el caso del artículo 13, § 2, bien de su situación, obviamente, se endidas comprar en cualquiera de las hipótesis establecidas en las letras "a" a "g" del artículo 4º.

El Parque Nacional de Itatiaia fue el primer parque creado en Brasil en 1937. Este parque "abarca los municipios de Itatiaia y Resende, en el estado de Río de Janeiro y la ciudad de Bocaina en el estado de Minas Gerais, que corresponde al 60% del territorio de este parque" (ICMBIO, S.D.).

La protección y conservación del Parque Nacional de Itatiaia es muy importante, ya que se encuentra campos de alturas y valles suspendidos donde se encuentran las fuentes de muchos ríos que son responsables de doce importantes cuencas geográficas regionales "que desembocan en dos cuencas principales: el Gran Río, un afluente del río Paraná y el río Paraíba do Sul, el río más importante de Río de Janeiro" (ICMBIO, S.D.).

Dentro de este panorama histórico y cronológico, en 1939 se crea el segundo parque ecológico en Brasil: el Parque Nacional de Iguazúque se encuentra en el Estado de Paraná. La conservación de este parque es muy importante, ya que es el responsable por el refugio de muchas especies e incluso algunos que están en peligro de extinción, como se insiste:

> [...] algunas especies que representan la fauna y la flora están amenazadas de extinción, como el jaguar (*Panthera onca*), puma (*Puma concolor*), jacaré-de-papo-amarelo (*Caiman latirostris*), papagaio-de-peito-roxo (*Amazona vinacea*), gavião-real (*Harpia harpyja*), peroba-rosa (*Aspidospermapoly neutron*), ariticum (*Rolliniasalicifolia*), araucária (*Araucaria augustifolia*), y muchas otras especies de gran valor e interés científico (ICMBIO, S.D.).

La belleza de este parque se caracteriza por tener la presencia de cataratas "sus rocas do Parna del Iguaçu procedente de procedimientos volcánicos". El parque de más de 600 hectáreas de áreas protegidas ha añadido más de 400 mil hectáreas de bosques vírgenes, fue considerado por la UNESCO en 1986 como Patrimonio Mundial Natural, además, el parque protege la cuenca del río Floriano que es uno de los afluentes del río Iguazú (ICMBIO, S.D.).

Capítulo 3| Panorama Histórico Ambiental en la Década de los 40 y 50

La Unión Internacional para la Conservación de la Naturaleza (UICN) fue fundada en 1948, reconocida como la red ambiental más grande en el mundo, se comporta como una autoridad mundial en el caso de la protección y la aplicación de las medidas necesarias que implicarán la naturaleza y sus recursos naturales (UICN, S.D.; NUESTRA TRADUCCIÓN).

Qué es la UICN?

> [...] es una unión de miembros compuesta de Estados soberanos, agencias gubernamentales y organizaciones de la sociedad civil. La UICN pone a disposición de las organizaciones públicas y no gubernamentales, los conocimientos y herramientas que permitirá, de manera global, el progreso humano, el desarrollo económico y la conservación de la naturaleza (UICN, S.D.; NUESTRA TRADUCCIÓN).

El papel de la UICN refleja la importancia de la organización social para absorber y aplicar los conocimientos y técnicas para la promoción del medio ambiente, como se indica en su misión, sus objetivos y metas:

> La capacidad de reunir a diferentes actores y contribuir al conocimiento científico a través de un asesoramiento objetivo y campos de experiencias, se alimenta de la misión de la UICN como informante y el refuerzo de los esfuerzos de conservación en todo el mundo.
> Proporcionamos un foro neutral para que los gobiernos, las ONG, científicos, empresas, comunidades locales, grupos indígenas, organizaciones religiosas y otros a trabajar juntos para crear e implementar soluciones a los retos y problemas ambientales y la disponibilidad de estas soluciones, La UICN reúne a los gobiernos e instituciones en todos los niveles, la necesidad de lograr los objetivos universales en los ámbitos de la dinámica de la biodiversidad, el cambio climático y el desarrollo sostenible, por lo que la UICN ha desempeñado un papel decisivo. Nuestra experiencia, junto con nuestra diversa sociedad, hace que la UICN una incubadora y un

> repositorio fiable de las mejores prácticas y herramientas de conservación, orientación y normas. Como la única organización ambiental con estatus de observador oficial en las Naciones Unidas, la UICN tiene la voz activa del más alto nivel de gobierno internacional para la conservación de la naturaleza. (UICN, S.D., NUESTRA TRADUCCIÓN).

En Brasil, se consolidó en 1958, la Fundación Brasileña para la Conservación de la Naturaleza (FBCN), donde se traduce como una importante e influyente ONG conservacionista en Brasil, que más tarde debido a los problemas financieros que enfrenta reducido a sólo una institución activa en el local del Estado de Río de Janeiro (FRANCO E DRUMMOND, 2009).

La FBCN como una importante ONG representante de la Nación Brasileña tenía objetivos, que eran:

> [...] eran el fomento y desarrollo de actividades relacionadas con la: a) creación y estabilización de los parques, reservas, monumentos y similares, con especial atención a las especies raras o en peligro; b) la cooperación entre los gobiernos y las organizaciones nacionales, extranjeras e internacionales interesados en la conservación de la naturaleza y los recursos naturales; c) estudios e investigaciones relativas a la conservación de los recursos naturales; d) difusión de conocimientos sobre conservación.

La FBCN a través de sus objetivos predicó un "lema" de proteccionista y la conservación del medio ambiente, sin embargo, poco a poco el terreno de FBCN estaba perdiendo a otras ONG y los movimientos ambientales que logró difundir cuestiones ambientales materialmente en la sociedad brasileña (FRANCO E DRUMMOND, 2009).

En medio de todo este escenario histórico es de destacar que en los años 50, marca el período en que el Brasil recibió grandes inversiones de capital extranjero que guían la economía para producir bienes, tales como la generación de electricidad, las inversiones en el transporte, la industria textil y metal, y también en la extracción de petróleo, lo que requeriría de una mayor explotación de los recursos naturales (ARVIN-RAD et al., 1997).

Capítulo 4| Panorama Histórico Ambiental en la Década de los 60

Panorama histórico del medio ambiente de los 60 está marcada, en primer lugar, con la publicación de la obra Primavera Silenciosa en 1962 por Rachel Carson que distribuyeron su preocupación por el medio ambiente a través del libro, llamando así la atención de los lectores a la producción de pesticidas en la industria química y su uso en la lucha contra las plagas que son perjudiciales para el medio ambiente como el extracto del libro pasa (LOPES, 2011):

> Las industrias químicas más grandes están poniendo dinero en las universidades para financiar la investigación sobre los insecticidas. Esto crea becas atractivos para los estudiantes graduados y puestos codiciados en las universidades. Los estudios sobre el control biológico, por otra parte, nunca reciben estos incentivos - por la sencilla razón de que no promete fortuna nadie se puede ganar en la industria química. Se dejan a cargo de las agencias estatales y federales, donde los salarios son mucho más bajos.

La preocupación por el futuro de los recursos naturales propuestos por Rachel en su libro también nos hace reflexionar sobre cómo el medio ambiente está siendo atacado por nosotros que habitan en la tierra y la forma en que son totalmente dependientes de los recursos naturales presentes en ella, y estas palabras se puede confirmar cuando Soffiati (2002) establece que:

> Esta crisis ambiental actual se deriva de una concepción antropocéntrica, instrumentalizadora y la naturaleza utilitaria, cuyas raíces se encuentran a distancia en la tradición judeocristiana, que es el sustrato de paradigmas humanistas y mecanicistas formulado en Europa. Este diseño es a la vez resultado complejo del capitalismo en aumento, ya que también es responsable de la revolución

> tecnológica que estalló a finales del siglo XVIII en Inglaterra.

De acuerdo con el panorama histórico ambiental presentado en los capítulos anteriores, la necesidad de introducir cuestiones ambientales es indiscutible en el campo de la educación como una forma de expandir más fuertemente la importancia y relevancia que el medio ambiente es.

Como resultado de esta necesidad, en 1965, comienza a utilizar la expresión de la educación ambiental que se enuncia en la Conferencia de Educación celebrada en la Universidad de Keele en Inglaterra, donde vale la pena recordar que esta expresión ha ganado terreno en todo el mundo, debido a la celebración de la Conferencia Mundial sobre el Medio Ambiente y el Desarrollo celebrada por las Naciones Unidas (ONU) en 1972 en Estocolmo, pero la "institucionalización de la educación ambiental en todo el mundo ocurrió en la Primera Conferencia Intergubernamental sobre Educación Ambiental celebrada en Tbilisi, en 1977, en la que se definieron sus principios, metas y objetivos" (RAMOS E FELLINI, 2008).

Layrargues (2004) considera ineficaces ser un aprendizaje sobre los procesos ecológicos que sólo se guían por el "saber para preservar" como el objetivo de la educación ambiental está conectado a la parte del transformador del pensamiento humano en relación con el medio ambiente.

En esta perspectiva, Loureiro (2004), el autor aborda que:

> [...] sin educar claramente del lugar ocupado por el educador en la sociedad, de su responsabilidad social, y sin cuestionar adecuada de la realidad, es para dar cabida a la posición conservadora del productor y transmisor de conocimientos y valores vistos como el medio ambiente, sin la necesidad de entender que éstos están mediadas social y culturalmente.

En Brasil, el nuevo Código Forestal se establece en virtud de la ley nº 771/65 4. donde se menciona que la "cuarta parte", es decir, el 25% de las áreas verdes ubicadas en la propiedad rural, previsto en el Código Forestal del año 1934 se transformaron en reserva legal, salvaguardar el nuevo Código Forestal que quien tenía propiedades rurales de la región amazónica, estos deben ser conservados por la mitad y en otras áreas, al menos, el 20% de las propiedades rurales también deben ser conservados, pero todavía tenía el permiso de la deforestación total de la propiedad rural siempre que el mismo replantar, incluso con diferentes especies del bioma de partida (SENADO DE BRASIL, S.D.).

El nuevo Código Forestal de 1965 fue presentado por el simple hecho de que Brasil ha aumentado su economía se centró en nuevas fuentes de energía, tales como la explotación de los combustibles fósiles, la generación de energía a través de la construcción de centrales hidroeléctricas, entre otras, situaciones éstas, que llevaron la reducción de la extracción de leña de la naturaleza, porque esta actividad no han asumido tal importancia como se supone en décadas anteriores (SENADO DE BRASIL, S.D.).

Todavía en Brasil, en 1966, se inició la campaña para la defensa y el desarrollo de la Amazonía con el fin de crear conciencia sobre la importancia de su preservación (JACOBI, 2003).

En 1968, fue fundada por científicos, industriales y políticos, el Club de Roma, que estaba destinado a "debatir y analizar los límites del crecimiento económico, teniendo en cuenta el aumento del uso de los recursos naturales", y que esta misma década se utilizó el "término medio ambiente, por primera vez en una reunión del club, cuyo objetivo era reflexionar sobre la reconstrucción de los países después de la guerra, se estableció debido al contexto anterior, una controversia sobre los problemas ambientales resultantes por las guerras" (BONILLA, 2010).

En el mismo año de la fundación del Club de Roma, hubo una propuesta del gobierno sueco se dirigió a las Naciones Unidas (ONU), con el fin de celebrar una conferencia para que los países pudiese discutir juntos sobre los problemas de degradación de todo el mundo que el medio ambiente se enfrenta y también proponer soluciones para poner remedio a la misma, la petición es realizado sólo en 1972 con la realización de Conferencia de Estocolmo en Suecia (WADA, S.D.).

Capítulo 5| Panorama Histórico Ambiental en la Década de los 70

En este capítulo, vamos a abrir el panorama histórico del medio ambiente de los 70, relatando inicialmente en la publicación del "Manifiesto por la supervivencia" por la revista británica "*The Ecologist*", en 1970 en el que se dirigió a que los recursos naturales son finitos, no sería capaz de mantener una demanda creciente indefinidamente (BERNA, 2007; SORRENTINO et al., 2005).

En el año 1972 es organizado por el Club de Roma, bajo el liderazgo de los países industrializados, el informe titulado "Los límites del crecimiento económico", que vendió más de treinta millones de copias, que abordaron métodos para lograr un equilibrio general volvió a minimizar consumo a expensas de varias prioridades, que la compañía considera indispensable. El Club de Roma era adepto del lema "Crecimiento Cero", pero tan pronto como el informe con sus propuestas provocó el descontento de los países menos industrializados luchando por los avances en el campo industrial (FOGLIATTI et al., 2004; TAKEDA, 2009).

En los años 70, de acuerdo con Takeda (2009), Wada (S.D.) y Vieira y Cader (S.D.), podemos mencionar otras venidas que contribuyeron a la transformación del pensamiento del hombre en relación con el medio ambiente, como se muestra a continuación:

Imagen 2: Otros advenimientos relacionados con el medio ambiente en el año 70

Año	*Advenimiento*	*Finalidad*
1970	Creación de *National Environment Policy* en los Estados Unidos	Institucionalizó la fiscalización de los impactos ambientales.
		La cooperación entre Estados

		Escandinavos en la lucha contra
1971	Acuerdo de Copenhague	la contaminación del mar.
1971	Convención de Bruselas	Creación del fondo de compensación para los daños similares.
1971	Convención de Ramsar	Se trata de la conservación de los humedales de importancia internacional.
1973	Creación del Departamento de Medio Ambiente (SEMA) en Brasil.	La Secretaría fue dirigida a la conservación del medio ambiente y el uso racional de los recursos naturales
1973	Programas de educación ambiental en los Estados Unidos	Programas de récord mundial para la educación ambiental en los Estados Unidos.
1974	Seminario de educación ambiental en Jammi, Finlandia	Reconoce la educación ambiental como una educación integral y permanente.
1975	Congreso Belgrado	Carta de Belgrado establece los objetivos y principios de la educación ambiental y elevar las discusiones sobre la erradicación de la pobreza, el analfabetismo, el hambre, la contaminación, la explotación y la dominación humana.
1976	Reunión Subregional de Educación Ambiental para la Educación Secundaria	Cuestiones ambientales en América Latina están vinculadas a las necesidades de supervivencia y los derechos humanos.

	celebrada en Chosica, Perú	
1976	Congreso de Educación Ambiental celebrada en Brasarville, África	Reconoce que la pobreza es el mayor problema medioambiental.
1977	Congreso Tbilisi	Establece los principios rectores de la educación ambiental y vuelve a marcar su carácter interdisciplinario, crítico, ético y transformador.
1979	Reunión Regional de Educación Ambiental para América Latina en San José, Costa Rica	Tratado sobre el medio ambiente en el contexto educativo.

Fuente: Adaptado de Takeda (2009), Wada (S.D.), Vieira y Cader (S.D.).

El 5 de junio de 1972, se inició la Conferencia de Estocolmo, que según Le Preste (2005) tuvo su realización motivada en cuatro pilares:

> a) aumento de la cooperación científica en los años 60, que tuvo lugar muchos problemas, como el cambio climático y los problemas de cantidad y calidad del agua disponible;
> b) aumento de la publicidad de los problemas ambientales, sobre todo causado por la ocurrencia de ciertos desastres, he aquí, sus efectos eran visibles (la desaparición de los territorios salvajes, el cambio de escenario y accidentes como derrames de petróleo son ejemplos de eventos que movilizaron a la opinión pública);
> c) el crecimiento económico acelerado, la generación de una profunda transformación de las sociedades y su forma de vida, especialmente el éxodo rural, y las regulaciones crean y se introdujeron sin la suficiente preocupación por sus consecuencias a largo plazo;

> d) otros numerosos problemas identificados a finales de 1960 por los científicos y por el gobierno sueco, considerado el más importante, después de todo, no podía ser resuelto de otra manera que la cooperación internacional. Ejemplos de tales problemas de lluvia ácida, la contaminación del Mar Báltico, la acumulación de metales pesados y pesticidas impregnación peces y aves.

Los pilares discutidos en la Conferencia de Estocolmo se experimentaron en la práctica, como se ha visto en los capítulos anteriores y por lo tanto la importancia de la conferencia trataron de resolver los problemas ambientales en las últimas décadas.

El primer elemento que aparece en la Conferencia de Estocolmo fue una alusión sobre el derecho humano a beneficiarse de la disponibilidad de los recursos naturales y se centró también en sus relaciones con la naturaleza que deben ser analizadas de forma racional, como podemos ver:

> El hombre es al mismo tiempo el trabajo y el medio ambiente que rodea constructor, que da apoyo material y ofrece la oportunidad de desarrollarse intelectual, moral, social y espiritual. Grande y tortuosa evolución de la raza humana en este planeta ha llegado a una etapa en que, gracias a la rápida aceleración de la ciencia y la tecnología, el hombre ha adquirido el poder de transformar, de innumerables maneras y en una escala sin precedentes, toda la acerca.
> Los dos aspectos del medio ambiente humano, el natural y el artificial, son esenciales para el bienestar humano y el disfrute de los derechos humanos fundamentales, incluido el derecho a la vida misma (DECLARACIÓN DE ESTOCOLMO SOBRE EL MEDIO AMBIENTE, 1972 apud LOS DERECHOS HUMANOS EN INTERNET, S.D.).

La segunda cuestión que se aborda en la Conferencia de Estocolmo sobre cómo era el hombre debe explorar el entorno para satisfacer sus necesidades de consumo y bienestar, pero menos impactante para el medio ambiente y sin perjudicar la economía global que está vinculado directamente el medio ambiente, según podemos ver:

> La protección y mejora del medio ambiente humano es una cuestión fundamental que afecta al bienestar de la población y el desarrollo económico en todo el mundo, un deseo urgente de los pueblos del mundo y un deber de todos los gobiernos (DECLARACIÓN DE ESTOCOLMO SOBRE EL MEDIO AMBIENTE, 1972 apud DERECHOS HUMANOS EN INTERNET, S.D.).

El tercer punto destacado en la Conferencia de Estocolmo fue analizar las acciones humanas sobre el uso de los recursos naturales proporcionados por el medio ambiente de manera transformadora, beneficiosa y racional, y el hombre debe ser consciente del daño que puede causar al medio ambiente si su stocks de exploración de recursos naturales no son adecuadas, como podemos ver a continuación:

> El hombre debe hacer una evaluación constante de su experiencia y continuar descubriendo, inventando, creando y avanzando. Hoy en día, la capacidad humana de transformar o cerca o usado con discernimiento, el asiento pesa todo lo que le beneficia Desarrollo de Personas y les ofrecen la oportunidad de ennoblecer tu existencia. Aplicado errónea y imprudentemente, el mismo poder puede hacer un daño incalculable a los seres humanos y su entorno. Alrededor de nosotros, multiplicamos la evidencia de los daños causados por el hombre en muchas regiones de la tierra, niveles peligrosos de contaminación del agua, aire, tierra y los seres vivos; destrucción y agotamiento de recursos insustituibles y graves deficiencias, nocivas para el hombre físico, mental y social, el medio ambiente creado por él, especialmente uno en el que vive y trabaja (DECLARACIÓN DE ESTOCOLMO SOBRE EL MEDIO AMBIENTE, 1972 apud DERECHOS HUMANOS EN INTERNET, S.D.).

En el cuarto punto de la conferencia se hace un enfoque sobre los derechos de la persona humana que señalan los problemas sociales como la causa de los problemas ambientales que están relacionados con los requisitos mínimos para la supervivencia, tales como alimentación, vivienda, vestido, educación, salud e higiene de la población de los países en desarrollo, ya en los países desarrollados, la conferencia señaló que las causas de los problemas ambientales en estos países la industrialización, las desigualdades sociales y los avances tecnológicos en la que podemos ver en la siguiente cita:

> En los países en desarrollo, la mayoría de los problemas ambientales están motivados por subdesenvolvimento. Millones de personas todavía viven muy por debajo de los niveles mínimos necesarios para una existencia humana decente, privados de alimentos y la vivienda, la educación, la salud y las condiciones de higiene apropiado. Por lo tanto, los países en desarrollo deben dirigir sus esfuerzos al desarrollo, teniendo en cuenta sus prioridades y la necesidad de proteger y mejorar el medio ambiente. Con el mismo fin, los países industrializados han luchado para salvar la distancia que los separa de los países en desarrollo. En los países industrializados, los problemas ambientales están generalmente relacionados con la industrialización y el desarrollo tecnológico (DECLARACIÓN DE ESTOCOLMO SOBRE EL MEDIO AMBIENTE, 1972 apud DERECHOS HUMANOS EN INTERNET, S.D.).

El quinto punto propuesto en la conferencia argumentado que la preservación del medio ambiente tendría que ser a través de la aplicación de las normas para garantizar su protección y que el ser humano debe utilizar sus conocimientos y creatividad para la promoción social a través de la mejora media medio ambiente a través del uso de la ciencia y la tecnología, como podemos ver:

> El crecimiento natural de la población pone de forma continua, los problemas relativos a la preservación del medio ambiente, y se debe adoptar normas y medidas apropiadas para abordar estos problemas. De todas las cosas del mundo, los seres humanos son los más valiosos. Están promoviendo el progreso social, crean riqueza social, el desarrollo de la ciencia y la tecnología y con su duro trabajo, transforman continuamente el medio humano. Con el progreso social y los avances en la producción, la ciencia y la tecnología, la capacidad del hombre para

> mejorar el medio ambiente aumenta con cada día que pasa (DECLARACIÓN DE ESTOCOLMO SOBRE EL MEDIO AMBIENTE, 1972 apud DERECHOS HUMANOS EN INTERNET, S.D.).

El sexto punto de la conferencia señaló lo esencial de la conciencia humana de las actitudes del hombre en relación a cómo se está abordando el medio ambiente y la forma de proceder para asegurar los recursos naturales para las generaciones futuras, en el que podemos ver en el extracto a continuación:

> Hemos llegado a un punto en la historia en que debemos orientar nuestras acciones a lo largo del mundo, con especial atención a las consecuencias que puede tener para el medio ambiente. A través de la ignorancia o la indiferencia, puede causar un daño inmenso e irreparable al medio ambiente de la Tierra, que depende de nuestras vidas y nuestro bienestar. A diferencia con un conocimiento más profundo y una acción más prudente, podemos conseguir para nosotros y nuestra posteridad, mejores condiciones de vida en un medio ambiente saludable más acorde con las necesidades y aspiraciones del hombre. Las perspectivas de mejora de la calidad del medio ambiente y crear una vida satisfactoria son grandes. Se necesita entusiasmo, pero, por otro lado, la serenidad de la mente, el trabajo duro y sistemático. Para llegar a la plenitud de su libertad dentro de la naturaleza y en armonía con ella, el hombre debe aplicar sus conocimientos para crear un mejor entorno. La defensa y mejoramiento del medio ambiente humano para las generaciones presentes y futuras se ha convertido en el objetivo primordial de la humanidad, que debe llevar a cabo, manteniendo los objetivos clave establecidos, la paz y el desarrollo económico y social en todo el mundo, y de acuerdo con ellos (DECLARACIÓN DE ESTOCOLMO SOBRE EL MEDIO AMBIENTE, 1972 apud DERECHOS HUMANOS EN INTERNET, S.D.).

El séptimo y último punto de la conferencia, hizo hincapié en que la preservación y conservación del medio ambiente es responsabilidad de todos, pero para que todo el mundo debe esforzarse para que el planeta puede sostener su población de una manera equilibrada, como podemos ver:

> Para lograr este objetivo requerirá ciudadanos y las comunidades, empresas e instituciones, en todos los niveles, a aceptar las responsabilidades que tienen y que todos participen por igual en este esfuerzo común. Hombres de toda condición y diferentes organizaciones darán forma el medio ambiente del futuro, la integración de sus propios valores y la suma de sus actividades. Las administraciones locales y nacionales y sus respectivas jurisdicciones, son responsables de la mayor parte del establecimiento de normas y medidas a gran escala de aplicaciones en el entorno. También se requiere la cooperación internacional con el fin de obtener recursos para ayudar a los países en desarrollo para desempeñar su papel en este ámbito. Hay un número creciente de problemas relacionados con el medio ambiente que, siendo alcance regional o global o pasar el común a nivel internacional, requieren una amplia cooperación entre las naciones y la adopción de medidas para las organizaciones internacionales en el interés de todos. La Conferencia más caro los gobiernos y los pueblos se unan a los esfuerzos de protección y mejora del medio humano en beneficio del hombre y de su posteridad (DECLARACIÓN DE ESTOCOLMO SOBRE EL MEDIO AMBIENTE, 1972 apud DERECHOS HUMANOS EN INTERNET, S.D.).

Podemos concluir sin lugar a dudas que la Conferencia de Estocolmo fue un hito importante en los años 70 sobre la consciência y la educación ambiental para el hombre.

Capítulo 6| Panorama Histórico Ambiental en la Década de los 80

El panorama histórico del medio ambiente en Brasil en los años 80 se marca en 1981 con el establecimiento de la ley nº 6.938/81, se establece la creación del Sistema Nacional Ambiental (SISNAMA) y el Consejo Nacional del Medio Ambiente (CONAMA) como órgano consultivo de SISNAMA, ya que esta ley fue creada con el objetivo de preservar, mejorar y restaurar la calidad del medio ambiente que sustenta la vida y asegura la economía de cada país (Ley nº 6.938/81, 1981).

La ley brasileña nº 6.938/81 establece los siguientes principios según lo establecido en el artículo 2:

> I- la acción del gobierno en el mantenimiento del equilibrio ecológico, teniendo en cuenta el medio ambiente como un bien público que debe necesariamente asegurada y protegida, dado el uso colectivo; II- racionalización del uso del suelo, el subsuelo, el agua y el aire; III- planificación y supervisión del uso de los recursos ambientales; IV- la protección de los ecosistemas, con la preservación de áreas representativas; V-
> el control y zonificación de las actividades de contaminantes o potencialmente contaminantes; VI- incentivos para el estudio y la investigación de tecnologías para el uso racional y la protección de los recursos ambientales; VII- seguimiento del estado de la calidad ambiental; VIII- recuperación de áreas degradadas; IX - protección de las zonas amenazadas por la degradación; X- la educación ambiental en todos los niveles de la educación, incluida la educación de la comunidad, con el objetivo de permitirle a la participación activa en la protección del medio ambiente.

La ley aborda en su artículo 3 el concepto de medio ambiente como "el conjunto de condiciones, las leyes, las influencias e interacciones de las propiedades físicas, químicas y biológicas, lo que permite que el hogar y gobernar la vida en todas sus formas" y sin embargo, estados en el mismo artículo el concepto de contaminación es la "degradación de la calidad del medio ambiente como resultado de las actividades que dañan directamente o indirectamente la salud, la seguridad y el bienestar de la población; crear condiciones adversas para las actividades sociales y económicas; afectar adversamente la biota; afectar a las condiciones estéticas o sanitarios del entorno; lanzar materiales o energía en desacuerdo con las normas ambientales establecidas "y, además, que el contaminador puede ser cualquier" persona o entidad, pública o privada, responsable directa o indirectamente por la actividad que causa la degradación ambiental".

Además de sus conceptos, objetivos y principios de la ley nº 6.938/81 también instituido en relación con el funcionamiento de los órganos que integran el Sistema Nacional Ambiental y de los instrumentos de la Política Nacional de Medio Ambiente.

Para el año 1985, fue realizada la Convención de Viena en Austria con el fin de discutir los impactos que podrían afectar a la reducción de la capa de ozono se celebró, en el que el texto de la convención dejó claro que la libre disponibilidad de los gobiernos de varios países proteger la capa de ozono mediante la instalación de mecanismos para evitar la reducción de la misma a través de la aplicación de las medidas legales y administrativas apropiadas (MINISTERIO DE MEDIO AMBIENTE, S.D.).

Precisamente en la fecha de 1 de enero de 1989 es efectiva un tratado internacional que fue establecida en 1987 por el Protocolo de Montreal, que se establece sobre las sustancias que contribuyó a la reducción de la capa de ozono, que reunió "obligaciones específicas, en particular la reducción progresiva de la **producción y el consumo** de sustancias que agotan la capa de ozono a su eliminación total" a cumplir por los 197 países que han asumido esta responsabilidad al acuerdo (MINISTERIO DE MEDIO AMBIENTE, S.D.).

Desde este punto de vista, según el Ministerio de Medio Ambiente de Brasil (S.D.), el Protocolo de Montreal divide las sustancias químicas que provocan el aumento de la capa de ozono en siete familias que se encuentran:

- Clorofluorcarbonos (CFCs);
- Hidroclorofluorcarbonos (HCFCs);
- Halons;
- Brometo de metila;
- Tetracloreto de carbono (CTC);
- Metilclorofórmio;
- Hidrobromofluorcarbonos (HBFCs).

Es de destacar que en Brasil "el consumo de CFCs, Halons, CTC, Metil Clorofórmio y Brometo de Metila (para las actividades agrícolas) está totalmente prohibido en Brasil" (MINISTERIO DE MEDIO AMBIENTE, S.D.).

El documento titulado Nuestro Futuro Común o el Informe del Brundtland fue presentado en 1987, el Primer Ministro de Noruega, Gro Harlem Brundtland, que trajo el término "desarrollo sostenible con la siguiente definición: cómo las generaciones actuales satisfacer sus necesidades sin que, sin embargo, poner en peligro la capacidad de las generaciones futuras para satisfacer sus propias necesidades" (SENADO DE BRASIL, S.D.).

Según el Informe del Brundtland, una de las causas de la degradación ambiental ha sido causado por la pobreza, como podemos ver según este informe extracto:

> [...] un mundo donde la pobreza es endémica siempre estará sujeto a los desastres, ambiental o de otro tipo. Para satisfacer las necesidades básicas de todos, el documento recomienda, entonces un potencial de crecimiento, y el desarrollo sostenible exige claramente que haya crecimiento económico en las regiones donde no

se satisfacen esas necesidades (INFORME DEL BRUNDTLAND, 1987 apud SENADO DE BRASIL, S.D.).

Es importante destacar algunos eventos que ganaron prominencia y relevancia de las cuestiones ambientales en los años 80, ya que los describen en la siguiente tabla:

Imagen 3: Algunos Eventos Ambientales en la Década de los 80

Año	*Eventos*
1980	Seminario Regional Europeo de Educación Ambiental
1980	Seminario Regional Europeo de Educación Ambiental en los Estados Árabes
1980	I Conferencia Asiática sobre Educación Ambiental celebrada en Nueva Delhi
1986	Accidente Nuclear de Chernobyl en Ucrania
1987	Congreso Internacional de UNESCO y Capacitación Ambiental
1988	Declaración de Caracas
1989	I Seminario sobre Materiales de Educación Ambiental
1989	Declaración de La Haya

Fuente: Adaptado del Ministerio de Medio Ambiente (S.D.)

Capítulo 7| Panorama Histórico Ambiental en la Década de los 90

Czapski (1998) señala que la ECO-92 fue una conferencia a nivel internacional con el fin de discutir sobre el medio ambiente y la educación ambiental en esa década.

La Conferencia de las Naciones Unidas sobre el Medio Ambiente y el Desarrollo, que fue más conocida como ECO-92 fue una de las razones de las diferencias entre la situación económica de los países desarrollados y los países subdesarrollados, donde los países periféricos no mostraron controlar sus problemas, los cuales algunos plagan hoy estos países, tales como el aumento de la pobreza, las condiciones infrahumanas de vida, el aumento de la deuda externa, entre otros (MEDINA, 1997; ESPINOSA, 1993; SACHS, 1992).

A expensas de las preguntas anteriores, los países del hemisferio norte y el hemisferio sur llegan a la ECO-92 con diferentes pensamientos, donde los países desarrollados abogaron por un enfoque ambiental guiada por la necesidad de evaluar los problemas del medio ambiente, y que deben ser compartida entre todos los países, así como las responsabilidades que se tengan pérdidas financieras en un intento de remediar este tipo de problemas que afectaban al medio ambiente (MARCATTO, 2002).

En esta conferencia, la discusión presentada por los países del hemisferio sur eran de naturaleza económica, en la que argumentaron que la preservación del medio ambiente no puede ser obstáculo para el desarrollo económico de un país (MARCATTO, 2002).

Según Espinosa (1993), Sorrentino (1997) y Sachs (1992) apud Marcatto (2002) los temas de debate de la ECO-92 eran:

- El crecimiento económico actual es a través del crecimiento de las desigualdades;

- El crecimiento basado en la economía de mercado llevado a las últimas consecuencias podría profundizar las desigualdades entre y dentro de las naciones;
- El crecimiento económico actual se desplaza a la sociedad los costos sociales y ambientales de la explotación del medio ambiente, aumento de las desigualdades sociales y económicas;
- La asociación para la gestión del medio ambiente exigen una mayor justicia económica para los países en desarrollo;
- Los países en desarrollo necesitan ayuda económica para salir del doble nudo de la pobreza y destrucción del medio ambiente;
- Debemos detener el consumo excesivo, especialmente en los países del primer mundo.

El ECO-92 se caracteriza por la preparación de diversos documentos como la Carta de la Tierra, que incluye los principios de la ECO-92, pero sin fuerza legal y sin que por parte de menores en relación con las medidas a adoptar, otro documento fue la Agenda 21, que según Guimarães (2000) que era "un plan de acción global real para guiar la transformación de nuestra sociedad [...]".

Además de estos dos documentos también se estableció la Convención sobre el cambio climático que daban prioridad a la realización de investigaciones sobre los efectos de los gases en la atmósfera y proponer un acuerdo entre países para invertir en tecnologías para limpiar mecanismo de desarrollo, y también la Convención sobre la Diversidad Biológica que garantice la autonomía de los países para explotar sus recursos naturales y establecer una asociación entre los países con el fin de recaudar fondos financieros para la conservación del medio ambiente (MARCATTO, 2002).

No se puede negar la importancia de los logros ECO-92 en el mundo, donde fue recibido en dicha conferencia los representantes del Estado de más de 130 países para el caso de que se produjo en la ciudad de Río de

Janeiro. También podemos destacar, además de la ECO 92, una cronología de los acontecimientos importantes en temas ambientales como la siguiente tabla:

Imagen 4: Eventos ambientales de la década de los 90

Año	*Evento*
1990	Atención para el concepto de analfabetismo ambiental.
1990	Declarado el año internacional del medio ambiente.
1992	Foro de las ONGs y el compromisos de la sociedad civil con la educación ambiental y el medio ambiente.
1993	Congreso Sudamericana para continuar con la ECO-92.
1993	Congreso Iberoamericano de Educación Ambiental en la ciudad de Guadalajara en México.
1995	Conferencia Mundial sobre el Clima
1997	II Congreso Iberoamericano de Educación Ambiental en la ciudad de Guadalajara en México.
1997	Conferencia sobre Educación Ambiental en Nueva Delhi, en la India.
1997	Conferencia Internacional sobre el Medio Ambiente y Sociedad en Salónica en Grecia.
1997	Rio +5

Fuente: Adaptado del Ministerio de Medio Ambiente (S.D.)

Capítulo 8| Panorama Histórico Ambiental en el siglo XXI

El evento de referencia en relación con el paisaje del medio ambiente en el siglo XXI es la Río +10 lo que ocurrió entre los meses de agosto y septiembre en Johannesburgo, que se encuentra en Sudáfrica, en el año 2002 (DINIZ, 2002).

Los objetivos de la Río +10 destacaron la continuidad en las discusiones sobre los problemas ambientales que todavía hay en nuestro planeta, basarse problemas ambientales que se deriva de los problemas que genera la globalización, ponen la "protección de la biodiversidad, el acceso al agua potable, el saneamiento, la vivienda, la energía, la salud, la educación y la seguridad alimentaria" como una prioridad y cumplimiento de deseos, alienta la lucha "hambre crónica, la desnutrición, los conflictos armados, los desastres naturales, el tráfico de tráfico de armas las personas, el terrorismo, la xenofobia, las enfermedades crónicas no transmisibles, la intolerancia religiosa y la discriminación racial" (DINIZ, 2002).

El siglo XXI es el siglo que pone a la educación como apoyo al desarrollo sostenible a través de conceptos sobre la base de la sociedad global en la economía, la cultura y la forma en que afectan al medio ambiente (UNESCO, 2005).

Según la UNESCO (2005) el siglo XXI para el desarrollo sostenible de nuestro planeta se traduce en cinco objetivos que son:

> 1. Valorar el papel clave que desempeñan la educación y el aprendizaje en la búsqueda común del desarrollo sostenible; 2. Facilitar los contactos, redes, el intercambio y la interacción entre las partes interesadas en la Educación para el Desarrollo Sostenible -EDS; 3. Proporcionar un espacio y oportunidades para mejorar y promover el concepto de desarrollo sostenible y la transición a la misma a través de todas las formas de

aprendizaje y sensibilización de los ciudadanos; 4. Fomentar la mejora de la calidad de la enseñanza y el aprendizaje en la educación para el desarrollo sostenible; 5. El desarrollo de estrategias en todos los niveles con el fin de fortalecer la capacidad en relación con el EDS (UNESCO, 2005).

Es cierto que la sociedad, la economía y el medio ambiente están interconectados, ya que la empresa busca jugar y desarrollar su función social a través de los cambios que se realizan a través de sus opiniones, su interacción con las instituciones sociales, el ejercicio de la ciudadanía, y también la capacidad para proponer soluciones, ya que el escenario económico es relevante para los temas ambientales en el sentido de que hay que establecer el uso de proporciones de los recursos naturales de manera sostenible en el cuidado de las necesidades de la demanda de los consumidores, y para el medio ambiente sociedad global debe absorber los conocimientos necesarios para preservar y conservar el medio ambiente, ya que son los recursos naturales que ofrece el entorno que apoyan nuestra sociedad y nuestra economía (UNESCO, 2005).

La educación ambiental para el desarrollo sostenible del planeta debe tener las siguientes características:

1. Ser interdisciplinaria y holística: enseñar el desarrollo sostenible de manera integrada a través del currículo, no como una disciplina aparte;
2. Dirigida al adquisición de valores: enseñar a compartir valores y principios basados en el desarrollo sostenible;
3. Desenvolver o pensamento crítico e a capacidade de encontrar solução para os problemas: ensinar a ter confiança ante os dilemas e desafios em relação ao desenvolvimento sustentável;
4. El recurso a la multiplicidad de métodos: enseñar a usar la palabra, el arte, el teatro, el debate, la experiencia, las diferentes pedagogías para dar forma a los procesos;
5. Fomentar la toma de decisiones participativa: los estudiantes participan en las decisiones sobre cómo van a aprender;

6. Aplicar: la integración de las experiencias de aprendizaje en la vida personal y profesional de todos los días;
7. Estar estrechamente relacionada con la vida local: abordar tanto los problemas locales como globales, el uso de la lengua más comúnmente utilizado por los estudiantes (UNESCO, 2005).

Las observaciones iniciales de este capítulo sólo fueron posibles debido a la adopción de la Resolución 57/254, en el que guió a lo largo del período de diez años como el Decenio de las Naciones Unidas de la Educación para el Desarrollo Sostenible, que entró en vigor en la fecha de 01/01/2005, donde podemos confirmar la educación como una de las puertas de salida a la sostenibilidad del planeta a través del siguiente extracto (MINISTERIO DE MEDIO AMBIENTE, S.D.):

> La educación es fundamental para promover el desarrollo sostenible. Por tanto, es esencial movilizar los recursos necesarios, incluidos los recursos financieros en todos los niveles, los donantes bilaterales y multilaterales, entre otros el Banco Mundial y los bancos regionales de desarrollo, la sociedad civil y fundaciones, con el fin de complementar los esfuerzos los gobiernos nacionales en la consecución de los objetivos y las medidas propuestas (CONFERENCIA MUNDIAL DE DESARROLLO SOSTENIBLE apud MINISTERIO DE MEDIO AMBIENTE).

También podemos destacar en 2003 la formalización del Programa para América Latina y el Caribe y Educación Ambiental en el mismo año la celebración de la Conferencia Pedagógica XII de Educación Ambiental de la Asociación Portuguesa de Educación Ambiental (MINISTERIO DE MEDIO AMBIENTE, S.D.)

En 2012 pasa a Río +20 también conocida como la Conferencia de las Naciones Unidas sobre el Desarrollo Sostenible se llevó a cabo en Brasil a partir del 20/06/2012 y hasta el 22/06/2012, que se organiza conferencias como la se estableció en la Resolución nº64/236 (ONU, 2012).

Río +20 se centró en la discusión, el análisis y la búsqueda de soluciones para lograr los siguientes objetivos como "asegurar un compromiso político renovado para el desarrollo sostenible, evaluar el progreso realizado hasta el momento y las lagunas que aún persisten en la aplicación de los resultados de principales reuniones sobre el desarrollo sostenible, y la dirección de los nuevos desafíos emergentes" (ONU, 2012).

En la Conferencia también se trataron dos cuestiones, la primera fue en el economía verde en el contexto del desarrollo sostenible y la erradicación de la pobreza y la segunda, un marco institucional para el desarrollo sostenible (ONU, 2012).

Referencias

ARVIN-RAD, Hassan et al. Industrialização e Desenvolvimento no Governo Vargas: Uma Análise Empírica de Mudanças Estruturais. Estudos Econômicos. São Paulo, v. 27, n. 1, Jan./Abr. 1997.

BERNA, Vilmar Sidnei Demamam. Como trabalhar com projetos em educação ambiental. Janeiro 2007. In: http://www.jornaldomeioambiente.com.br, acesso em12 de Novembro de 2010.

BONILLA, Oriel Herrera. Introdução à Ecologia. 2010. Disponível em: http://uece.br/laboeco/dmdocuments/aula-02-introducao-a-ecologia.pdf. Acesso em: 04/08/2016.

BRASIL. MINISTÉRIO DO MEIO AMBIENTE. Compromisso Nacional pela Década da Educação para o Desenvolvimento Sustentável. Disponível em: http://www.mma.gov.br/port/sdi/ea/deds/pdfs/comprnacmex.pdf. Acesso em: 07/08/2016.

BRASIL. MINISTÉRIO DO MEIO AMBIENTE. Histórico mundial. Disponível em: http://www.mma.gov.br/educacao-ambiental/politica-de-educacao-ambiental/historico-mundial. Acesso em: 07/08/2016.

BRASIL. SENADO. Código Florestal de 1965. Disponível em: http://www.senado.gov.br/NOTICIAS/JORNAL/EMDISCUSSAO/codigo-florestal/senado-oferece-um-projeto-equilibrado-para-o-novo-codigo-florestal-brasileiro/codigo-florestal-de-1965.aspx. Acesso em: 07/08/2016.

BRASIL. Ministério do Meio Ambiente. Convenção de Viena e Protocolo de Montreal. Disponível em: http://www.mma.gov.br/clima/protecao-da-camada-de-ozonio/convencao-de-viena-e-protocolo-de-montreal. Acesso em: 07/08/2016.

BRASIL. Lei nº 6.938/81. Disponível em: http://www.oas.org/dsd/fida/laws/legislation/brazil/brazil_6938.pdf. Acesso em 07/08/2016.

BRASIL. Código Florestal de 1934. Disponível em: http://www.iap.pr.gov.br/arquivos/File/Legislacao_ambiental/Legislacao_federal/LEIS/CODIGO_FLORESTAL_1934.pdf
BRASIL. ICMBIO, Instituto Chico Mendes de Conservação da Biodiversidade Brasileira. Parque Nacional do Iguaçu. Disponível em: http://www.icmbio.gov.br/parnaiguacu/guia-do visitante.html. Acesso em: 04/08/2016.

BRASIL. ORGANIZAÇÃO DAS NAÇÕES UNIDAS. Sobre a Rio +20. 2012. Disponível em: http://www.onu.org.br/rio20/sobre/.Acesso em: 07/08/2016.

BRASIL. SENADO BRASILEIRO. Código Florestal de 1934. In: https://www.senado.gov.br/noticias/Jornal/emdiscussao/codigo-florestal/senado-oferece-um-projeto-equilibrado-para-o-novo-codigo-florestal-brasileiro/codigo-florestal-de-1934.aspx. Acesso em 04/08/2016

BRASIL. ICMBIO, Instituto Chico Mendes de Conservação da Biodiversidade Brasileira. Parque Nacional do Itatiaia. Disponível em: http://www.icmbio.gov.br/parnaitatiaia/. Acesso em 05/07/2016.

CASSINI, Sérvio Túlio. Ecologia: Conceitos Fundamentais. 2005. Disponível em: http://www.inf.ufes.br/~neyval/Gestao_ambiental/Tecnologias_Ambientais2005/Ecologia/CONC_BASICOS_ECOLOGIA_V1.pdf. Acesso em: 04/08/2016.

CZAPSKI, S.A. Implantação da educação ambiental no Brasil. Brasília: Ministério de Educação e do Desporto, 1998, 166p.

DIAS, G. F. Educação Ambiental: princípios e práticas. São Paulo. Ed. Gaia, 2003. 551 p.

DINIZ, Eliezer Martins. Os Resultados da Rio +10. In: Revista do Departamento de Geografia, 15. 2002. p.31-35. Disponível em: http://www.geografia.fflch.usp.br/publicacoes/RDG/RDG_15/31-35.pdf. Acesso: 08/08/2016.

DIREITOS HUMANOS NA INTERNET. Declaração de Estocolmo sobre o meio ambiente humano–1972. Disponível em:

http://revistaeletronicardfd.unibrasil.com.br/index.php/rdfd/article/viewFile/18/17 . Acesso em: 07/08/2016.

ESPINOSA, H. R. M. Desenvolvimento e meio ambiente sob nova ótica. Ambiente, v.7, n. 1, p. 40-44, 1993.

FOGLIATTI, M. C. et al. Avaliação de impactos ambientais: aplicação aos sistemas de transporte. Rio de Janeiro: Interciência, 2004.

FRANCO, José Luiz de Andrade e DRUMMOND, José Augusto. Proteção à Natureza e Identidade Nacional no Brasil, anos 1920-1940. Rio de Janeiro: FIOCRUZ, 2009.

GUIMARÃES, Mauro. A dimensão da educação ambiental na educação. Rio de Janeiro: Papirus, 2000.

JACOBI, Pedro. Movimento ambientalista no Brasil. Representação social e complexidade da articulação de práticas coletivas. In: Ribeiro, W. Publicado em Patrimônio Ambiental: EDUSP, 2003.

LAYRARGUES, P. P. (coord.). Identidades da educação ambiental brasileira. Brasília: Ministério do Meio Ambiente, 2004.

LOPES, Alfredo Ricardo Silva. A Primavera silenciosa que sacudiu as próximas estações. In: CARSON, Rachel. Primavera Silenciosa. São Paulo: Gaia, 2010.

LOUREIRO, C. F. B. Trajetória e fundamentos da educação ambiental. São Paulo: Cortez, 2004.

MARCATTO, Celso Educação ambiental: conceitos e princípios. Belo Horizonte: FEAM, 2002.

MEDINA, N.M. Breve histórico da Educação Ambiental. In: PADUA, S. M. ;Tabanez, M.F. (Orgs). Educação Ambiental: caminhos trilhados no Brasil. Brasília: Instituto de Pesquisas Ecológicas, 1997. 283p .

MOURA, Carla Cardoso. Apostila de Direito Ambiental. MBA em Gestão e Planejamento Ambiental - Universidade Veiga de Almeida, Rio de Janeiro, 2009.

PÁDUA, Claudio Valladares. Apresentação. In: CASES, Maria Olatz. Gestão das Unidades de Conservação: compartilhando uma experiência de capacitação. Brasília. 2012. 396p. Disponível em:http://d3nehc6yl9qzo4.cloudfront.net/downloads/gestao_de_unidades_de _conservacao.pdf. Acesso em 04/08/2016.

RAMOS, Elisabeth Christmann. FELLINI, Cristiane. A FORMAÇÃO DO EDUCADOR E A EDUCAÇÃO AMBIENTAL NO CURSO DE PEDAGOGIA. Disponível em: http://www.pucpr.br/eventos/educere/educere2008/anais/pdf/940_603.pdf. Acesso em: 05/08/2016.

ROBINSON, Glória. Ernst Haeckel German Embryologist. Disponível em: https://global.britanica.com/biography/Ernst-Haeckel. Acesso em 04/08/2016.

RELATÓRIO DE BRUNDTLAND, 1987. In: Senado Brasileiro. Disponível em: http://www.senado.gov.br/noticias/Jornal/emdiscussao/rio20/temas-em-discussao-na rio20/ecodesenvolvimento-conceito-desenvolvimento-sustentavel-relatorio-brundtland-onu-crescimento-economico-pobreza-consumo-energia-recursos-ambientais-poluicao.aspx

SACHS, I. Estratégias de transição para o século XXI: desenvolvimento e meio ambiente, 1993, 103p.

SOFFIATI, A. Fundamentos filosóficos e históricos para o exercício da ecocidadania e da ecoeducação. In: LAYARGUES, P. et al. Educação ambiental: repensando o espaço da cidadania. São Paulo: Cortez, 2002.

SORRENTINO, M. Vinte anos de Tbilisi: cinco da Rio 92; a educação ambiental no Brasil. Debates Sócio ambientais, ano 2, n. 7, p. 3-5. 1997.In: MARCATTO, Celso Educação ambiental: conceitos e princípios. Belo Horizonte: FEAM, 2002.

SORRENTINO, M; FERRARO JUNIOR, L. A, PORTUGAL, S. A. Ambientalismo e Participação na Contemporaneidade: Avaliação de Processos Educacionais. In: Anais do Simpósio Comemorativo aos 10 anos do curso de Especialização em Educação Ambiental e Recursos Hídricos. São Paulo: RIMA Editora, 2005.

SUÍÇA. UICN. Sobre a UICN. Disponível em: http://www.iucn.org/es/secretaria/acerca-de-la-uicn. Acesso em 05/08/2016.

TAKEDA, Tatiana. A preocupação com o meio ambiente nas últimas décadas. 2009. Disponível em:http://www.jurisway.org.br/v2/dhall.asp?id_dh=1762. Acesso em: 07/08/2016.

UNESCO. Década da Educação das Nações Unidas para um Desenvolvimento Sustentável, 2005-2014: documento final do esquema internacional de implementação. Brasília: UNESCO, 2005.

VIEIRA, Liszt. CADER, Renato. A política ambiental do Brasil ontem e hoje. In: Revista Eco 21, Edição 129. Disponível em: http://www.eco21.com.br/textos/textos.asp?ID=1601. Acesso em: 07/08/2016.

WADA, Célia. Histórico dos movimentos ambientais no Brasil e no mundo. Disponível em: http://www.cmqv.org/website/artigo.asp?cod=1461&idi=%201&moe=212&id=17071

Kolibri 360 GmbH
Ferdinand-Jühlke-Straße 7
99095 Erfurt, Deutschland
produktsicherheit@kolibri360.de

Druck:
CPI Druckdienstleistungen GmbH
im Auftrag der
Kolibri 360 GmbH
Ferdinand-Jühlke-Str. 7
99095 Erfurt